CUADRADOS MÁGICOS: DESCRIPCIÓN, CREACIÓN, Y EJEMPLOS DE SUS DIVERSOS TIPOS

7	12	1	14
2	13	8	11
16	3	10	5
9	6	15	4

Por

Rafael Granados Vásquez

El Salvador, América Central.

2013

ÍNDICE

CAPÍTULO 1

INTRODUCCIÓN

El propósito de este trabajo es ofrecer una descripción de los cuadrados mágicos, incluyendo sus antecedentes históricos, sus características, el detalle de sus tamaños, varias formas de su construcción por medio de ejemplos completamente explicados, además de la reseña de catorce tipos o clases de cuadrados mágicos, y finalmente una bibliografía de las principales fuentes de información consultadas con los respectivos datos para hallarlas en internet.

Acerca del uso de los cuadrados mágicos, podemos decir que desde hace más de 4000 años se emplea como entretenimiento de juegos matemáticos similar al popular juego de Sudoku. Actualmente también se está usando en algunos centros escolares para combinar el juego y la enseñanza de las matemáticas.

CAPÍTULO 2

CONCEPTO Y CARACTERÍSTICAS DE LOS CUADRADOS MÁGICOS

Cuadrado mágico es una tabla compuesta por pequeñas celdas que forman un cuadrado. En cada celda se coloca un número de tal manera que la suma de los números de cada fila, de cada columna, y de sus dos diagonales, tiene un mismo valor o suma mágica o constante mágica (S).

El siguiente gráfico (ver Figura 2.01) muestra un cuadrado mágico con tres filas y tres columnas, con números del uno al nueve, que tiene una suma mágica (S) de 15, para cada fila, cada columna, y sus dos diagonales.

2	7	6
9	5	1
4	3	8

Figura 2.01

Filas: 2+7+6=15

9+5+1=15

4+3+8=15

Columnas: 2+9+4=15

7+5+3=15

6+1+8=15

Diagonales: 2+5+8=15

4+5+6=15

Este cuadrado mágico con tres filas y tres columnas se le llama de 3x3, o de grado 3, o de n=3.

El número total de celdas es n^2, o sea 3x3=9. Es el cuadrado mágico más sencillo. No existe cuadrado mágico normal de n=2.

Existen cuadrados mágicos más grandes, de n=4, 5, 6, 7, ... y de mayor tamaño.

Ejemplos de cuadrados mágicos de tamaños mayores

a) Cuadrado mágico normal de n=4, con números sucesivos del 1 al 16, y con una suma constante (S) de 34 (ver Figura 2.02)

1	15	14	4
12	6	7	9
8	10	11	5
13	3	2	16

Figura 2.02

b) Cuadrado mágico normal de n=5, con números sucesivos del 1 al 25, y con una suma constante (S) de 65 (ver Figura 2.03)

5	9	13	17	21
12	16	25	4	8
24	3	7	11	20
6	15	19	23	2
18	22	1	10	14

Figura 2.03

c) Cuadrado mágico normal de n=6, con números sucesivos del 1 al 36, y con una suma constante (S) de 111 (ver Figura 2.04).

1	32	34	3	35	6
30	8	28	27	11	7
19	17	15	16	20	24
18	23	21	22	14	13
12	26	9	10	29	25
31	5	4	33	2	36

Figura 2.04

Solamente existen ocho cuadrados mágicos de orden n=3 con números enteros sucesivos del 1 al 9, y con una suma mágica de S=15. Estos cuadrados se obtienen por medio de rotaciones y reflexiones a partir de uno de ellos.

Existen 880 cuadrados mágicos originales o distintos de cuarto orden (n=4).

Existen más de 13,000,000 de cuadrados mágicos originales de quinto orden (n=5).

Existen más de 30,000,000 de cuadrados mágicos originales de séptimo orden (n=7).

Existen más de 6,500,000,000,000 de cuadrados mágicos originales de octavo orden (n=8).

Para hallar S (la suma constante o mágica de filas, columnas, y diagonales) a partir de cuadrados mágicos con grado "n" conocido y con números enteros sucesivos del 1 al n^2, se emplea la fórmula siguiente:

$$S = \tfrac{1}{2} \cdot n(n^2+1)$$

Para un cuadrado mágico de n=5, con números enteros sucesivos, iniciando de 1, se tiene:

$$S = \tfrac{1}{2} \cdot n(n^2+1) = \tfrac{1}{2} \cdot 5(5^2+1) = \tfrac{1}{2} \cdot 5(26) = \tfrac{1}{2}(130) = 65$$

S=65, la suma mágica o constante para filas, columnas y diagonales.

En forma más amplia se tiene la siguiente tabla:

Tabla 1: Valores de S para cuadrados mágicos de diferente orden (n)

n	S
3	15
4	34
5	65
6	111
7	175
8	260
9	369
10	505
11	671
12	870

Algunas propiedades de los cuadrados mágicos

-Se puede aumentar o disminuir un mismo valor a cada uno de sus elementos, y permanecerá mágico.

-Se puede multiplicar por un mismo número a cada uno de sus elementos, y permanecerá mágico.

-Se pueden sumar o restar los elementos correspondientes de dos cuadrados mágicos, y el cuadrado obtenido será mágico.

-Se pueden originar uno o más cuadrados mágicos por la rotación o reflexión de un cuadrado mágico inicial.

-Para un cuadrado mágico formado por una serie aritmética, la Suma Mágica o Suma Constante (S) es:

S= ½·n(número más bajo + número más alto)

Datos históricos de los cuadrados mágicos

-El cuadrado mágico de grado 3 ha sido conocido en China desde el año 2200 a.C.

-En la India fueron elaborados cuadrados mágicos de orden impar antes de la era Cristiana.

-A partir del siglo X se practica la construcción de cuadrados mágicos en el mundo árabe.

-Se introducen a Europa en 1420 por Moschopoulos que vivió en Constantinopla.

-En la Edad Media se consideraba que los cuadrados mágicos tenían poderes fantásticos. Fueron usados como amuletos para protección contra plagas y enfermedades, y para lograr mayor longevidad.

-Cerca del año 1514, Albrech Dürer dibujó un cuadrado mágico del orden 4 como parte de su pintura: "Melancolía".

-En 1693, Frénicle enumera 880 cuadrados mágicos del orden 4, y propone una clasificación.

-Durante el Renacimiento el matemático Cornelius Agrippa (1486-1535) construyó cuadrados mágicos de las órdenes del 3 al 9 para representar varios planetas, el sol, y la luna.

CAPÍTULO 3

CONSTRUCCIÓN DE ALGUNOS CUADRADOS MÁGICOS

Existen varias formas o métodos para crear cuadrados mágicos con diferentes grados de complejidad. Aquí se muestran varios ejemplos de su construcción en cuadrados que van del orden 3 al orden 6. Siguiendo estos procedimientos se podrán generar cuadrados mágicos de órdenes mayores de seis.

A) **Creación de cuadrados mágicos de orden 3**

Ejemplo 1: Construcción de un cuadrado mágico con números enteros sucesivos del 1 al 9.

Paso 1: Se coloca en el centro del cuadrado, el número central de la serie:

1, 2, 3, 4, **5**, 6, 7, 8, 9, o sea el número 5,

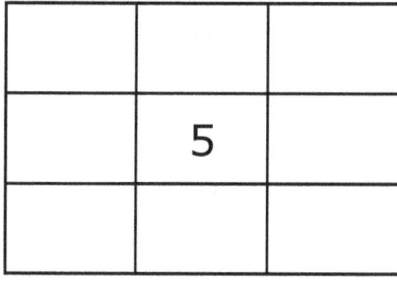

Figura 3.01

Paso 2: Se colocan los números más próximos al central en una diagonal del cuadrado. Aquí exiten cuatro opciones, dos por cada diagonal. Se toma cualquier opción. Por ejemplo, se agregan los números 4, y 6:

4		
	5	
		6

Figura 3.02

Notar que la suma constante o mágica (S) es: 4+5+6=15, que será igual a la suma de cada fila, columna, o diagonal.

Paso 3: Agregar el número que precede al menor (en este caso el 3) en una casilla adyacente:

4		
3	5	
		6

Figura 3.03

Paso 4: Agregar los números correspondientes, tomando en cuenta que S=15. Por ejemplo, agregar el número 8:

4		
3	5	
8		6

Figura 3.04

4		
3	5	
8	**1**	6

Figura 3.05

4	**9**	
3	5	
8	1	6

Figura 3.06

4	9	**2**
3	5	
8	1	6

Figura 3.07

Finalmente se completa el cuadrado mágico buscado:

4	9	2
3	5	**7**
8	1	6

Figura 3.08

Ejemplo 2: Elaborar un cuadrado mágico de orden 3, en base a una serie de números consecutivos del 7 al 15.

Serie de nueve números: 7, 8, 9, 10, **11**, 12, 13, 14, 15

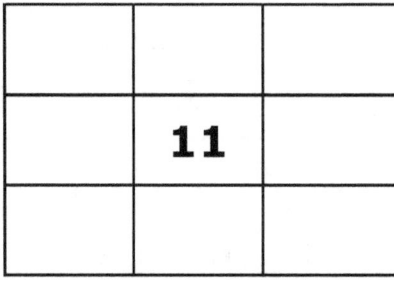

Figura 3.09

14

10		
	11	
		12

Figura 3.10

Como se puede notar, S=33 (La suma de la diagonal: 10+11+12).

10		
9	11	
		12

Figura 3.11

10		
9	11	**13**
14		12

Figura 3.12

Finalmenta se completa el cuadrado mágico buscado:

10	**15**	**8**
9	11	13
14	**7**	12

Figura 3.13

Ejemplo 3: En base a las propiedades de los cuadrados mágicos señaladas anteriormente, se pueden generar otros cuadrados mágicos a partir de uno de ellos, mediante:

a) Al sumar el mismo número a cada elemento del cuadrado mágico inicial:

Supongamos que tenemos uno de grado 3, con S=15, según la figura 3.14.

4	9	2
3	5	7
8	1	6

Figura 3.14

Sumar 2 a cada casilla, según se puede ver en figura 3.15, se produce un cuadrado mágico con S=21:

6	11	4
5	7	9
10	3	8

Figura 3.15

b) Al multiplicar por el mismo número a cada elemento de un cuadrado mágico inicial (el mismo de la figura 3.14), y multiplicamos a cada número por dos, origina el cuadrado mágico de la figura 3.16, con una suma constante (S) de 30:

8	18	4
6	10	14
16	2	12

Figura 3.16

B) <u>Creación de cuadrados mágicos de orden 4</u>

Paso 1: Dibujar una tabla de 4x4 (o sea de orden 4):

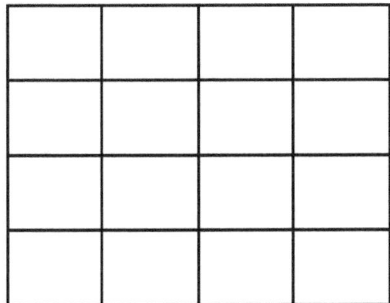

Figura 3.17

Colocar en las casillas la serie de números del 1 al 16 en la forma indicada en la figura 3.18. Algunos números de esta figura van a cambiar posiciones dentro del cuadrado según se explica en los siguientes pasos.

1	2	3	4
5	6	7	8
9	10	11	12
13	14	15	16

Figura 3.18

17

Paso 2: En una tabla vacía similar a la figura 3.17, se llenan las celdas con los números de las dos diagonales de la figura 3.18, como se aprecia en la siguiente figura:

1			4
	6	7	
	10	11	
13	*	*	16

Figura 3.19

Paso3: Los números de las casillas centrales inferiores (con * en figura 3.19) se llevan a sus opuestos de la fila superior, intercambiando sus posiciones; y recíprocamente lo mismo de arriba hacia abajo, según se puede notar en la figura 3.20:

1	**15**	**14**	4
	6	7	
	10	11	
13	**3**	**2**	16

Figura 3.20

De igual forma se procede con el intercambio de números en las columnas extremas, como se aprecia en la figura 3.21.

1	**15**	**14**	4
12	6	7	**9**
8	10	11	**5**
13	**3**	**2**	16

Figura 3.21

La figura 3.21 representa al cuadrado mágico buscado, de orden 4 y con una serie de números sucesivos del 1 al 16; teniendo una suma constante o mágica (S) equivalente a: 34.

C) Creación de cuadrados mágicos de orden 5

Paso 1: Dibujar una tabla inicial de 5x5, o sea con 25 casillas o celdas.

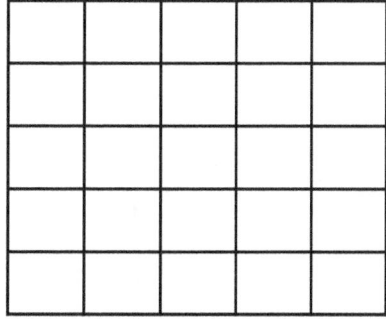

Figura 3.22

Paso 2: Agregar tres celdas a cada lado del cuadrado: En la parte externa de cada uno de los cuatro lados, se construye una pirámide que tenga como base n-2 celdas, o sea si n=5, se tendrá 5-2=3 celdas por pirámide como se muestra en la siguiente figura:

19

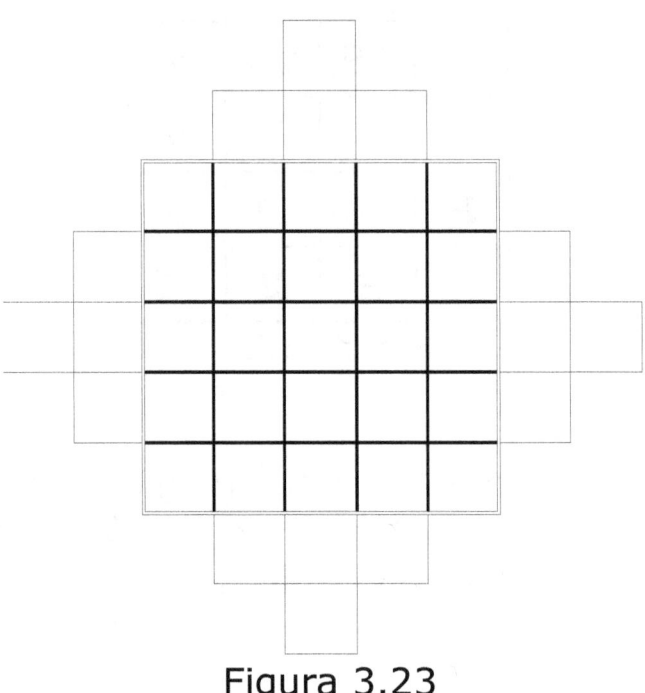

Figura 3.23

Paso 3:Aquí se llenan las cinco diagonales de la Figura 3.23, con los números del 1 al 25, según se muestra en la Figura 3.24:

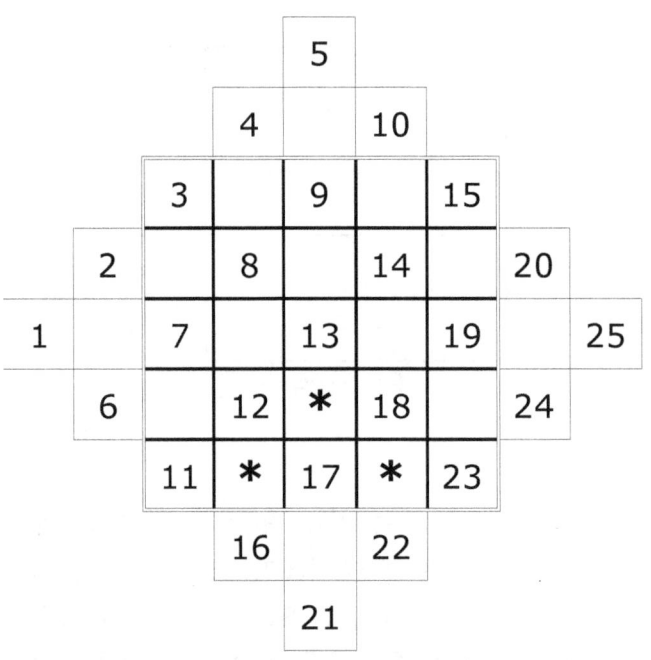

Figura 3.24

Paso 4:Los números externos de cada lado se llevan a las celdas vacías opuestas y dentro del cuadrado. En la siguiente figura, los números superiores (5, 4, 10) se llevan a las celdas señaladas con asterisco (*), y de igual forma se trasladan los números de los restantes tres lados, de acuerdo a la Figura 3.25:

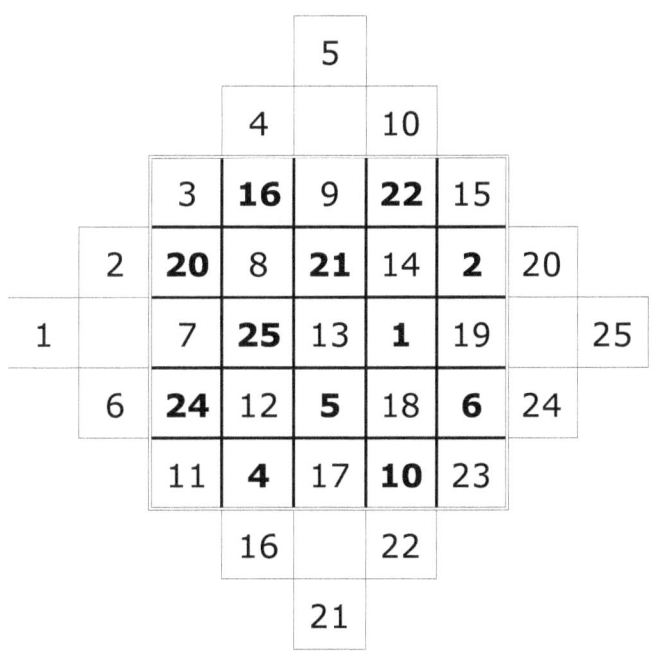

Figura 3.25

De esta manera se llega a la formación del cuadrado mágico de orden 5, con números del 1 al 25, con una suma constante (S) de 65, como se muestra a continuación:

3	16	9	22	15
20	8	21	14	2
7	25	13	1	19
24	12	5	18	6
11	4	17	10	23

Figura 3.26

Con igual procedimiento se pueden construir cuadrados mágicos de orden impar como de n=7, n=9, n=11, n=13, etc.

D) Creación de cuadrados mágicos de orden 6

Paso 1: Determinar el valor de la suma mágica o constante (S), de acuerdo a la ecuación:

$$S= \tfrac{1}{2} \cdot n(n^2+1)$$

Para un cuadrado mágico de n=6, con números enteros sucesivos, iniciando de 1, se tiene:

$$S= \tfrac{1}{2} \cdot n(n^2+1) = \tfrac{1}{2} \cdot 6(6^2+1) = \tfrac{1}{2} \cdot 6(37) = \tfrac{1}{2}(222) = 111$$

S=111, la suma mágica o constante para filas, columnas y diagonales.

Paso 2: Se colocan todos los números del 1 al 36 de manera contínua, y formando un cuadrado de 6x6:

1	2	3	4	5	6
7	8	9	10	11	12
13	14	15	16	17	18
19	20	21	22	23	24
25	26	27	28	29	30
31	32	33	34	35	36

Se nota que la suma de de los números de las diagonales es igual a S=111, o sea :

$$1+8+15+22+29+36=111$$

$$y\ \ 31+26+21+16+11+6=111$$

Entonces, no se harán cambios de números en las diagonales.

En el siguiente paso se examinan las sumas de las seis filas formadas al inicio del Paso 2.

Paso 3: Sumando los números de las filas A, B, C, D, E, F:

A	1	2	3	4	5	6 = 21	+90
B	7	8	9	10	11	12 = 57	+54
C	13	14	15	16	17	18 = 93	+18
D	19	20	21	22	23	24 =129	-18
E	25	26	27	28	29	30 =165	-54
F	31	32	33	34	35	36 = 201	-90

Se puede notar en la fila A, que se necesita aumentar 90 para llegar a la suma mágica (S=111), mientras que en la fila F se tiene un exceso de 90 para llegar a S.
Se nota algo similar para las filas B y E, y para las filas C y D.
Las filas se complementan por simetría a un eje horizontal que pasa por la mitad del cuadrado.

Entonces, se hace el intercambio de números complementarios en cada par de filas (tratando de llegar a S=111) en la siguiente forma:

	I	II	III	IV	V	VI	
A	1	**32**	3	**34**	**35**	6	= 111
B	7	8	**27**	**28**	11	**30**	= 111
C	**19**	**20**	15	16	17	**24**	= 111
D	**13**	**14**	21	22	23	**18**	= 111
E	25	26	**9**	**10**	29	**12**	= 111
F	31	**2**	33	**4**	**5**	36	= 111
	= 96	=102	=108	=114	=120	=126	
	+15	+9	+3	-3	-9	-15	

Para el caso de las columnas se procede se procede de forma similar a las filas, se calcula la suma de cada columna, y también se determina para cada columna, la diferencia con S=111.
 Se puede notar en el caso de las columnas, que en la I falta 15 para llegar a S=111, y que en la columna VI sobran 15 para llegar a S=111.

La misma situación sucede para las columnas II y V, y para las columnas III y IV.

Haciendo los traslados de números entre los pares de columnas indicados, se obtiene el siguiente cuadrado mágico en donde la suma mágica (S=111) se presenta en las filas, columnas y diagonales.

1	32	34	3	35	6
30	8	28	27	11	7
19	17	15	16	20	24
18	23	21	22	14	13
12	26	9	10	29	25
31	5	4	33	2	36

Este procedimento es válido para los cuadrados mágicos de orden par.

CAPÍTULO 4

TIPOS DE CUADRADOS MÁGICOS

POR ORDEN ALFABÉTICO

LISTADO DE LOS PRINCIPALES TIPOS

1) Alfa numérico
2) Antimágico
3) Bimágico
4) Cero o de Aniquilación
5) Concéntrico o de Bordes
6) Euler y el caballo de ajedrez
7) Multiplicativo
8) Palíndromo
9) Pandiagonal o Panmágico
10) Primos
11) Reducido o Frénicle
12) Reversible
13) Suma y multiplicación
14) Trimágico

1) **Alfa numérico:**

En este tipo o clase de cuadrados mágicos, se relacionan números con letras del alfabeto. En presente ejemplo, con palabras en idioma inglés, se parte de un cuadrado mágico numérico que genera un cuadrado de palabras, y finalmente se produce un segundo cuadrado mágico numérico originado del cuadrado de palabras.

a) Cuadrado mágico inicial, con suma S=45

5	22	18
28	15	2
12	8	25

Figura 4.01

b) Cuadrado con los nombres de los números de la Figura 4.01 en sus respectivas celdas:

five	twenty-two	eighteen
twenty-eight	fifteen	two
twelve	eight	twenty-five

Figura 4.02

c) Cuadrado mágico originado en el número de letras de cada celda de la Figura 4.02, y con una suma mágica de S=21

4	9	8
11	7	3
6	5	10

Figura 4.03

2) **Antimágico:**

Sus cualidades son opuestas a las del cuadrado mágico. En el antimágico las sumas de las filas, de las columnas, y de las diagonales son diferentes; no existe S o suma constante o mágica.

Ejemplo 1: Ver Figura 4.04 de un cuadrado antimágico de 3x3 (o sea de orden n=3), con números enteros sucesivos del 1 al 9, mostrando en su parte externa las sumas de filas, columnas, y diagonales, que son todas diferentes.

1	2	3	6
8	9	4	21
7	6	5	18
19	16	17	12	15

Figura 4.04

Ejemplo 2: Cuadrado antimágico de orden n=4, con números enteros sucesivos del 1 al 16, mostrando que las sumas son todas diferentes para filas, columnas, y diagonales.

1	13	3	12	29
15	9	4	10	38
7	2	16	8	33
14	6	11	5	36
32	37	30	34	35	31

Figura 4.05

3) Bimágico:

Se parte de un cuadrado mágico que al elevar al cuadrado cada uno de sus números, se obtiene otro cuadrado mágico.

Ejemplo 1: Se inicia con un cuadrado mágico de grado n=6, con números diferentes (no llevan secuencia), y con una suma constante S=219.

72	18	17	16	49	47
13	52	36	5	50	63
38	35	7	66	15	58
20	53	34	39	69	4
55	1	57	56	26	24
21	60	68	37	10	23

Figura 4.06

En la siguiente figura, cada número representa el cuadrado del contenido respectivo de las celdas de la Figura 4.06; produciendo otro cuadrado mágico, con una suma constante o mágica (S)=10,663.

5184	324	289	256	2401	2209
169	2704	1296	25	2500	3969
1444	1225	49	4356	225	3364
400	2809	1156	1521	4761	16
3025	1	3249	3136	676	576
441	3600	4624	1369	100	529

Figura 4.07

4) Cero o de Aniquilación:

Es un cuadrado mágico en donde la suma constante o mágica (S) es igual a cero. En este caso se emplean números positivos y negativos como se puede notar en el siguiente ejemplo:

8	-7	-6	5
-4	3	2	-1
1	-2	-3	4
-5	6	7	-8

Figura 4.08

5) Concéntrico o De Bordes:

Es un cuadrado mágico que al remover las filas superior e inferior, y las columnas de izquierda y derecha (o sean los bordes) resulta otro cuadrado mágico. Ver Figura 4.09.

4	5	6	43	39	38	40
49	15	16	33	30	31	1
48	37	22	27	26	13	2
47	36	29	25	21	14	3
8	18	24	23	28	32	42
9	19	34	17	20	35	41
10	45	44	7	11	12	42

Figura 4.09

En la Figura 4.09:
El cuadrado mágico mayor (7x7) tiene una suma S=175.
El cuadrado mágico siguiente (5x5) tiene una suma S=125.
El cuadrado mágico menor (3x3) tiene una suma S=75.

6) **Euler o el Caballo de ajedrez:**

Representa un cuadrado mágico basado en un tablero de ajedrez, con 64 celdas distribuídas en ocho filas y ocho columnas (cuadrado de orden n=8). Fue originado por Leonardo Euler (1707 – 1783) basado en los movimientos del caballo en el juego de ajedrez, que en este caso se inicia en una celda con el número 1 (en la celda superior izquierda), llegando a la siguiente celda que entonces le corresponde el número 2, y así sucesivamente según la Figura 4.10.

1	48	31	50	33	16	63	18
30	51	46	3	62	19	14	35
47	2	49	32	15	34	17	64
52	29	4	45	20	61	36	13
5	44	25	56	9	40	21	60
28	53	8	41	24	57	12	37
43	6	55	26	39	10	59	22
54	27	42	7	58	23	38	11

Figura 4.10

Se puede notar que en este cuadrado mágico (Figura 4.10) la suma S=260 es igual para todas las filas y columnas; pero tiene el defecto que las diagonales no suman los 260; en forma similar se nota que los cuatro cuadrados de 4x4 que lo conforman tienen una S=130, con excepción de las diagonales.

7) **Multiplicativo:**

Es un cuadrado mágico en donde se emplea la multiplicación en vez de la suma para obtener la cantidad constante en filas, columnas, y diagonales, en este caso llamada "M".

Ejemplo 1: Cuadrado mágico multiplicativo de grado 3, con la constante M=216, que resulta de multiplicar los números de celdas por cada fila, por cada columna, y por cada diagonal. Ver Figura 4.11

Para el caso de las filas: 2x9x12=216
                          36x6x1=216
                          3x4x18=216

2	9	12
36	6	1
3	4	18

Figura 4.11

Ejemplo 2: Cuadrado mágico multiplicativo de grado 4, con la constante M=6720.

1	6	20	56
40	28	2	3
14	5	24	4
12	8	7	10

Figura 4.12

Ejemplo 3: Se construye el cuadrado mágico multiplicativo usando inicialmente un cuadrado mágico normal de suma, (y de S=12), empleando sus números como potencias de un íntegro fijo (en este caso el: 2):

3	8	1
2	4	6
7	0	5

Figura 4.13

El siguiente paso es elaborar un cuadrado de grado 3 empleando una base fija, en este caso el número 2, usando los elementos de la Figura 13 como las potencias a la que se eleva el número 2 en las celdas correspondientes, como se indica en la Figura 4.14, (2^3 se representa por 2^3, y así sucesivamente).

2^3	2^8	2^1
2^2	2^4	2^6
2^7	2^0	2^5

Figura 4.14

Finalmente se llega al cuadrado mágico multiplicativo al trasladar los números en forma de potencia a números normales, en donde como resultado de multiplicar las celdas de cada fila, cada columna, y cada diagonal se obtiene una constante M=4096. De esta manera se pueden elaborar varios cuadrados de este tipo al emplear otros números enteros de base como 3, 4, 5, 6 ... en vez de la base 2.

8	256	2
4	16	64
128	1	32

Figura 4.15

8) Palíndromo:

Esta palabra se refiere la cualidad que tienen algunos números, palabras, o frases, que se leen igual de izquierda a derecha que en sentido inverso. Los cuadrados mágicos palíndromos contienen esta clase números en todas sus celdas, y las sumas de sus filas, columnas y diagonales producen una suma (S) constante o mágica.

El siguiente ejemplo se refiere a un cuadrado de orden 4, y números palíndromos, con una suma constante S=2442 (que también es un palíndromo).

222	595	888	737	2442
959	666	373	444	2442
777	848	555	262	2442
484	333	626	999	2442
2442	2442	2442	2442	2442	2442

Figura 4.16

9) **Pandiagonal o Panmágico:**

También conocido por cuadrado diabólico, o cuadrado mágico diabólico, que además de las cualidades normales de un cuadrado mágico, sus diagonales quebradas o complementarias igualmente suman la constante mágica (S).

Una diagonal quebrada es un par de diagonales paralelas a una diagonal principal constituída de **n** celdas en total como se describe en el ejemplo siguiente.

Ejemplo 1: Cuadrado mágico pandiagonal de orden n=4 (o sea 4x4), con 16 celdas ocupadas con números del 1 al 16, y con una suma constante o mágica (S)=34.

1	8	13	12
14	11	2	7
4	5	16	9
15	10	3	6

Figura 4.17

Diagonales quebradas:

$$14+5+3+12=34 \qquad 8+2+9+15=34$$
$$4+11+13+6=34 \qquad 10+16+7+1=34$$

Además de que se mantienen las sumas (S=34) para filas, columnas, y para las diagonales, se observan las siguientes cualidades:

-Cualquiera de los subcuadrados de 2x2 que se puedan seleccionar en la Figura 17 siempre sus cuatro celdas suman S=34. Por ejemplo:
$$14+11+4+5=34; \qquad 1+8+15+10=34; \qquad 13+12+2+7=34$$

-La suma de los números de las esquinas del cuadrado mágico pandiagonal (Figura 17) es S=34, o sea: 1+12+15+6=31

-La suma de las cuatro esquinas de cualquier subcuadrado de 3x3 que se pueda formar en la Figura 17 es S=34. Por ejemplo:

$$8+12+5+9=34; \qquad 11+7+10+6=34; \qquad 1+13+4+16=34$$

Un cuadrado mágico con varios atributos como el presente también se le llama "Perfecto".

10) **Primos:**

Aquí se tratan los cuadrados mágicos escritos con números primos.

En términos de números enteros, el primo es aquel número mayor de uno que no es divisible por otro número excepto por 1. Ejemplos: 3, 11, 23, 41.

A los números que no son primos se les llama Compuestos y son divisibles por otros números.

Los primeros cien números primos:

1	2	3	5	7	11	13	17	19	23
29	31	37	41	43	47	53	59	61	67
71	73	79	83	89	97	101	103	107	109
113	127	131	137	139	149	151	157	163	167
173	179	181	191	193	197	199	211	223	227
229	233	239	241	251	257	263	269	271	277
281	283	293	307	311	313	317	331	337	347
349	353	359	367	373	379	383	389	397	401
409	419	421	431	433	439	443	449	457	461
463	467	479	487	491	499	503	509	521	523

En los siguientes ejemplos de cuadrados mágicos con números primos se ofrece una variedad de condiciones en donde siempre se mantiene la suma (S) de filas, columnas, y diagonales como una constante.

Ejemplo 1: Cuadrado mágico de grado 3, empleando números primos, y con una constante mágica S=177.

71	89	17
5	59	113
101	29	47

Figura 4.18

Ejemplo 2: Cuadrado mágico de orden 4, con números primos, y a la vez pandiagonal; con suma mágica S=240.

73	41	13	113
23	103	83	31
107	7	47	79
37	89	97	17

Figura 4.19

Ejemplo 03: Cuadrado mágico de orden 5, con números primos elevados al cuadrado, y con suma mágica S^2 (del cuadrado de los números)=34,229. Ver Figura 4.20.

11^2	23^2	53^2	139^2	107^2
13^2	103^2	149^2	31^2	17^2
71^2	137^2	47^2	67^2	61^2
113^2	59^2	41^2	97^2	83^2
127^2	29^2	73^2	7^2	109^2

Figura 4.20

En la Figura 4.21 se exponen los cuadrados de cada celda y los totales de las sumas de filas, columnas, y de una diagonal.

121	529	2809	19321	11449	34229
169	10609	22201	961	289	34229
5041	18769	2209	4489	3721	34229
12769	3481	1681	9409	6889	34229
16129	841	5329	49	11881	34229
34229	34229	34229	34229	34229	34229

Figura 4.21

Ejemplo 4: Cuadrado mágico de orde 6 con números primos y dos celdas vacías por fila, y con una suma constante o mágica S=1320.

	43	281	577	419	
647	349			73	251
53		271	547		449
607		389	113		211
13	311			587	409
	617	379	83	241	

Figura 4.22

Ejemplo 5: En algunos casos los recíprocos de los primos producen cuadrados mágicos, como es el caso del número 19, en una serie que va del 1/19 al 18/19, con 18 decimales. En este caso, llamado "Cuadrado mágico recíproco de número primo", se tiene una suma S constante para filas, columnas, y diagonales igual a 81, con un orden de 18, como se puede apreciar en los siguientes datos:

```
01/19 = 0 5 2 6 3 1 5 7 8 9 4 7 3 6 8 4 2 1
02/19 = 1 0 5 2 6 3 1 5 7 8 9 4 7 3 6 8 4 2
03/19 = 1 5 7 8 9 4 7 3 6 8 4 2 1 0 5 2 6 3
04/19 = 2 1 0 5 2 6 3 1 5 7 8 9 4 7 3 6 8 4
05/19 = 2 6 3 1 5 7 8 9 4 7 3 6 8 4 2 1 0 5
06/19 = 3 1 5 7 8 9 4 7 3 6 8 4 2 1 0 5 2 6
07/19 = 3 6 8 4 2 1 0 5 2 6 3 1 5 7 8 9 4 7
08/19 = 4 2 1 0 5 2 6 3 1 5 7 8 9 4 7 3 6 8
09/19 = 4 7 3 6 8 4 2 1 0 5 2 6 3 1 5 7 8 9
10/19 = 5 2 6 3 1 5 7 8 9 4 7 3 6 8 4 2 1 0
11/19 = 5 7 8 9 4 7 3 6 8 4 2 1 0 5 2 6 3 1
12/19 = 6 3 1 5 7 8 9 4 7 3 6 8 4 2 1 0 5 2
13/19 = 6 8 4 2 1 0 5 2 6 3 1 5 7 8 9 4 7 3
14/19 = 7 3 6 8 4 2 1 0 5 2 6 3 1 5 7 8 9 4
15/19 = 7 8 9 4 7 3 6 8 4 2 1 0 5 2 6 3 1 5
16/19 = 8 4 2 1 0 5 2 6 3 1 5 7 8 9 4 7 3 6
17/19 = 8 9 4 7 3 6 8 4 2 1 0 5 2 6 3 1 5 7
18/19 = 9 4 7 3 6 8 4 2 1 0 5 2 6 3 1 5 7 8
```

El ejemplo anterior se refiere al primo 19. Estas cualidades también las posee el número primo 383, que produce un cuadrado mágico con una suma constante de 1719.

11) Reducidos o Frénicles:

Se trata de cuadrados mágicos en donde como es habitual se obtiene la misma suma (S) para filas, columnas, y diagonales, y además llevan un mismo número de celdas vacías (V) en cada una de sus filas, columnas, y diagonales.
El nombre de Frénicle se origina en vista que en 1640, Bernard Frénicle de Bessy propuso esta clase de problema.

Aquí se exponen varios ejemplos de este tipo con diferentes variaciones.

Ejemplo 1: Cuadrado mágico Frénicle de grado 5, con celdas vacías V=2, y con una suma constante S=24.

		2	7	15
10	11			3
	4	8	12	
13			5	6
1	9	14		

Figura 4.23

Ejemplo 2: Cuadrado mágico Frénicle de grado 5, con una celda vacía por fila, columna y diagonal, con una suma constante S=1596, y empleando los números primos reguralmente espaciados siguientes:

107	137	167	197	227
277	307	337	367	397
401	431	461	491	521
571	601	631	661	691

	601	491	367	137	1596
277	227		431	661	1596
521	571	337	167		1596
107		461	631	397	1596
691	197	307		401	1596
1596	1596	1596	1596	1596	1596

Figura 4.24

41

A continuación se ofrece un ejemplo en seis partes, ya que del cuadrado mágico inicial se originan cinco cuadrados diferentes, pero con propiedades semejantes. Este caso se origina con un cuadrado bimágico de orden 8, con propiedades de Frénicle, y con números en las celdas del 1 al 64.

El cuadrado bimágico conserva sus propiedades mágicas al elevar al cuadrado cada número original de sus celdas.

Ejemplo 3a: Cuadrado bimágico de 8x8, con numeración del 1 al 64, con propiedades de Frénicle, y con una suma constante S=260.

35	48	50	30	61	17	4	15	260
42	37	59	23	56	28	9	6	260
8	11	21	52	26	63	46	33	260
64	51	45	12	34	7	22	25	260
13	2	32	57	19	54	39	44	260
53	58	40	1	43	14	31	20	260
27	24	10	38	5	41	60	55	260
18	29	3	47	16	36	49	62	260
260	260	260	260	260	260	260	260	260

Figura 4.25

Ejemplo 3b: Cuadrado bimágico 8x8, originado de la Figura 4.25 mediante la elevación de sus números originales al cuadrado, y con una S=11 180.

1225	2304	2500	900	3721	289	16	225	11180
1764	1369	3481	529	3136	784	81	36	11180
64	121	441	2704	676	3969	2116	1089	11180
4096	2601	2025	144	1156	49	484	625	11180
169	4	1024	3249	361	2916	1521	1936	11180
2809	3364	1600	1	1849	196	961	400	11180
729	576	100	1444	25	1681	3600	3025	11180
324	841	9	2209	256	1296	2401	3844	11180
11180	11180	11180	11180	11180	11180	11180	11180	11180

Figura 4.26

El cuadrado mágico de la Figura 4.25 (Ejemplo 03a) de 8x8, con 64 celdas llenas de los números del 1 al 64, puede generar todavía cuatro cuadrados Frénicles, cada uno con 32 celdas vacías, que son los siguientes:

-Uno formado con los números del 1 al 32;
-Otro formado con los números del 33 al 64;
-Otro originado con los números pares de la serie de 1 al 64;
-Y otro con los números impares de la serie de 1 al 64.

Ejemplo 3c: Cuadrado mágico Frénicle originado de la Figura 4.25 en base a mantener los números del 1 al 32, borrando el contenido de las restantes 32 celdas, resultando una S=66.

Figura 4.27

			30		17	4	15	66
			23		28	9	6	66
8	11	21		26				66
			12		7	22	25	66
13	2	32		19				66
			1		14	31	20	66
27	24	10		5				66
18	29	3		16				66
66	66	66	66	66	66	66	66	66

Ejemplo 3d: Cuadrado mágico Frénicle originado de la Figura 4.25 en base a mantener los números del 33 al 64, borrando el contenido de las restantes 32 celdas, resultando una S=194.

35	48	50		61				194
42	37	59		56				194
			52		63	46	33	194
64	51	45		34				194
			57		54	39	44	194
53	58	40		43				194
			38		41	60	55	194
			47		36	49	62	194
194	194	194	194	194	194	194	194	194

Figura 4.28

Ejemplo 3e: Cuadrado mágico Frénicle originado de la Figura 4.25 en base a mantener los números pares, borrando todos los impares, resultando una S=132 (con excepción de las dos diagonales).

		48	50	30			4		132
	42				56	28		6	132
	8			52	26		46		132
	64			12	34		22		132
		2	32			54		44	132
		58	40			14		20	132
		24	10	38			60		132
	18				16	36		62	132
116	132	132	132	132	132	132	132	132	148

Figura 4.29

Ejemplo 3f: Cuadrado mágico Frénicle originado de la Figura 4.25 en base a mantener los números impares, borrando todos los pares, resultando una S=128 (con excepción de las dos diagonales).

35				61	17		15	128
	37	59	23			9		128
	11	21			63		33	128
	51	45			7		25	128
13			57	19		39		128
53			1	43		31		128
27				5	41		55	128
	29	3	47			49		128

144	128	128	128	128	128	128	128	128	112

Figura 4.30

12) Reversibles:

Se trata de un par de cuadrados mágicos en donde el segundo cuadrado se origina al colocar al revés los números del primero.

Ejemplo 1: Primer cuadrado mágico de orden 4, con una suma S=242.

96	64	37	45
39	43	98	62
84	76	25	57
23	59	82	78

Figura 4.31

De la Figura 4.31 se origina el siguiente cuadrado mágico al revertir los números de cada celda, por ejemplo: de 96 a 69; de 64 a 46, etc. Se mantiene en este nuevo cuadrado la suma mágica S=242.

69	46	73	54
93	34	89	26
48	67	52	75
32	95	28	87

Figura 4.32

13) Suma y multiplicación:

Este tipo de cuadrado mágico mantiene la cualidad de una suma constante (S) para los contenidos de las filas, columnas, y diagonales; y además el mismo cuadrado produce una misma constante (M) al multiplicar los contenidos de filas, columnas, y diagonales.

Ejemplo 1: Cuadrado mágico de suma y multiplicación de grado 8, con 64 números del 1 al 333, con las constantes siguientes: de Suma S=760, y de multiplicación M=51,407,948,590,000.

222	66	225	63	5	7	68	104	760
1	35	52	136	198	74	189	75	760
132	296	21	175	9	15	78	34	760
45	3	102	26	148	264	25	147	760
51	117	10	6	200	84	259	33	760
168	100	231	37	39	153	2	30	760
91	17	8	20	42	150	99	**333**	760
50	126	111	297	119	13	40	4	760
760	760	760	760	760	760	760	760	760

Figura 4.33

14) **Trimágico:**

Es el cuadrado que también permanece mágico si todos los números de sus celdas son llevados al cuadrado o al cubo. El siguiente ejemplo muestra un cuadrado trimágico de 12x12, empleando los números sucesivos del 1 al 144. Ver Figura 4.34.

1	22	33	41	62	66	79	83	104	112	123	**144**	870
9	119	45	115	107	93	52	38	30	100	26	136	870
75	141	35	48	57	14	131	88	97	110	4	70	870
74	8	106	49	12	43	102	133	96	39	137	71	870
140	101	124	42	60	37	108	85	103	21	44	5	870
122	76	142	86	67	126	19	78	59	3	69	23	870
55	27	95	135	130	89	56	15	10	50	118	90	870
132	117	68	91	11	99	46	134	54	77	28	13	870
73	64	2	121	109	32	113	36	24	143	81	72	870
58	98	84	116	138	16	129	7	29	61	47	87	870
80	34	105	6	92	127	18	53	139	40	111	65	870
51	63	31	20	25	128	17	120	125	114	82	94	870
870	870	870	870	870	870	870	870	870	870	870	870	870

Figura 4.34

---ooo---

CAPÍTULO 5

BIBLIOGRAFÍA

Alegría, Pedro. 2009. "La magia de los cuadrados mágicos". País Vasco: *SIGMA* No.34:107-128.

http://www.ehu.es/~mtpalezp/magiacuadrada.pdf (Fecha de visita:10-Febrero-2013).

Alegría, Pedro y Ruíz de Arcaute, J. Carlos. 2002. "La matemagia desvelada". País Vasco: *SIGMA* No.21:145-174.

http://www.ehu.es/~mtpalezp/mates/lamat.pdf (Fecha de visita: 02-Junio-2013).

Ball, W.W.R. 1905. *Mathematical Recreations and Essays.*Fourth edition, (Digitalized by Watchmaker Publishing, 2009, TN, USA).

Berloquin, Pierre. 1981. "Chez Frénicle et ailleurs", *Science et Vie,* No. 764, Mai, pág.:154-155.

_____. 1982. "Frénicle et magie double", *Science et Vie,* No. 778, Juillet, pág.:134-135.

Block, Seymour S. and Tavares, Santiago A. 2009. *Before Sudoku, The World of Magic Squares.* New York: Oxford University Press.

Böhringer, Patrick. 2010. *Traité sur les Cubes Magiques de Bernard Violle.* EPFL-École Polytechnique Fédérale de Lausanne.

http://infoscience.epfl.ch/record/155022/files/bohringer.semestre.sesiano.pdf

(Fecha de visita: 08-Junio-2013).

Boyer, Christian. s.f. *What is a multiplicative magic square?*

http://www.multimagie.com/indexengl.htm

(Fecha de visita: 06-Junio-2013).

Buteau, Isabelle et al. 1996. "Carrés magiques", *MATh.en.JEANS,* pág.: 73-78.

http://mathenjeans.free.fr/amej/edition/actes/actespdf/96073078.pdf

(Fecha de visita: 09-Junio-2013).

Danesi, Marcel. 2004. *The Liar Paradox and the Towers of Hanoi: The Ten Greatest Math Puzzles of All Time.* New Jersey: John Wiley & Sons, Inc.

Dudeney, Henry Ernest. 1917. "Magic Square Problems", *Amusements in Mathematics,* pág.: 289-304.

http://www.gutenberg.org/files/16713/16713-h/16713-h.htm

(Fecha de visita: 25-Junio-2010).

Licks, H.E. 1917. *Recreations in Mathematics.* New York: D. Van Nostrand Company, Inc.

http://djm.cc/library/Recreations_in_Mathematics_Licks_edited.pdf

(Fecha de visita: 04-Junio-2013).

Loyd, Sam. 1916. "A Medley of Puzzles", *Popular Science Monthly,* Vol. 88, pág.: 749.

Martin, Yves. s.f. *Les carrés magiques dans la tradition mathématique arabe.*

www.reunion.iufm.fr/dep/mathematiques/Seminaires/Resources/Martin38.pdf

(Fecha de visita: 04-Junio-2013).

Moler, Cleve. 2011. *Chapter 10:Magic Squares.*MathWorks, Inc.

http://www.mathworks.com/moler/exm/chapters/magic.pdf

(Fecha de visita: 09-Junio-2013).

Pickover, Clifford A. 2005. *A Passion for Mathematics: numbers, puzzles, madness, religion, and the quest for Reality.*New Jersey: John Wiley & Sons.

Rickey, V. Frederick. 2005. "Dürer's Magic Square, Cardano's Rings, Prince Rupert's Cube, and Other Neat Things", *Recreational Mathematics: A Short Course in Honor of the 300th Birthday of Benjamin Franklin.* Albuquerque, NM:MAA, August 2-3.

www.math.usma.edu/people/rickey/papers/ShortCourseAlbuquerque.pdf

(Fecha de visita: 09-Octubre-2012).

Ronk, Bernard. 2012. *Propétés de certains carrés magiques.* s.l.

http://bernard.ronk.free.fr/carres_magiques.pdf

(Fecha de visita: 05-Junio-2013).

Sallows, Lee C.F. 1987. "Alphamagic Squares, Part II". *ABACUS,* Vol.4, No.2: 20-43.

http://www.leesallows.com/files/AMS%20Part%202.pdf

(Fecha de visita: 05-Junio-2013).

Schubert, Hermann. 1898. *Mathematical Essays and Recreations.* From the German, translator: Thomas J. McCormack.

http://www.gutenberg.org/files/25387/25387-pdf.pdf

(Fecha de visita: 08-Junio-2013).

Stephens, Daryl Lynn. 1993. *Matrix Properties of Magic Squares.* Texas: College of Arts and Sciences.

http://faculty.etsu.edu/stephen/matrix-magic-squares.pdf

(Fecha de visita: 12-Junio-2013).

Strachan, Liz. 2009. *A Slice of Pi: all the maths you forgot to remember from school.* London: Constable & Robinson Ltd.

Wells, David. 2005. *Prime Numbers: The Most Mysterious Figures in Math.* New Jersey: John Wiley & Sons, Inc.

Wikipedia, the free encyclopedia. s.f. *Magic Square.*

http://en.wikipedia.org/wiki/Magic_square

(Fecha de visita: 07-Junio-2013)

Wroblewski, Jaroslaw. 2006. *First known 6th-order bimagic square using distinct integers.*

http://www.multimagie.com

(Fecha de visita: 06-Junio-2013).

www.ingramcontent.com/pod-product-compliance
Lightning Source LLC
Chambersburg PA
CBHW080557190526
45169CB00007B/2801